KLEINE ENTDECKER

Warum hat die Giraffe einen langen Hals?

WIE TIERE SICH IHREM LEBENSRAUM ANPASSEN

Text: Eun-Ha Kim
Bilder: Min-Cheol Choi
Nachwort: Gil-Won Kim
Übersetzung: Hans-Jürgen Zaborowski

Fischer Schatzinsel

Der Wal hat seine Nasenlöcher auf dem Rücken.

Der Ameisenbär hat eine lange, klebrige Zunge.

Die Schneeeule ist von weißen Federn bedeckt.

Der Polarfuchs hat kleine Ohren.

Der Wüstenfuchs hat lange Ohren.

Auf der Welt gibt es wirklich viele, viele Tiere.
Und alle sehen sie anders aus.

Warum schauen die Tiere so
unterschiedlich aus?
Wenn ihr Aussehen sich unterscheidet –
ist dann auch ihre Lebensweise anders?

Der Klammeraffe hat einen
Schwanz, der länger ist
als sein Körper.

Lange Wimpern schützen die Augen vor dem Sonnenlicht und aufwirbelndem Sand.

Langes Fell umgibt die Ohren des Kamels. Es verhindert, dass Sand in seine Ohren eindringt.

Im Höcker des Kamels ist Fett gespeichert, und wenn es nichts zu fressen gibt, wird dieses Fett in Energie umgewandelt. Sogar Wasser wird aus dem Fett gewonnen.

Das Kamel kann seine Nasenlöcher öffnen und schließen. Wenn ein Sandsturm aufkommt, macht es ganz schnell seine Nasenlöcher zu.

Die langen Beine halten seinen Körper hoch über dem Boden. Deshalb ist seine Körpertemperatur etwa 10 Grad Celsius niedriger als der Boden. Denn die Luft dort droben ist kühler als die Luft in Bodennähe.

Die Füße sind dick und breit, damit kann das Kamel sicher auf dem heißen Sand laufen.

Kamele leben in der Wüste. Sie sind unermüdliche Läufer, auch wenn der Boden in der Wüste aus völlig trockenem Sand und Felsen besteht. Auch wenn es kein Wasser gibt, auch wenn Sandstürme wehen – nichts kann ein Kamel aufhalten.

Doch wie sehen andere Tiere aus, die in der Wüste leben?

Das **Erdhörnchen** in Afrika schützt sich vor der Sonne mit seinem langen, buschigen Schwanz.

Die mexikanische **Wüstenschildkröte** kann sich ihr Trinkwasser aus Kakteen holen.
Ihr Kinn ist so fest, dass ihr die Stacheln nichts anhaben können.

Der **Wüstenfuchs**
hat sehr große Ohren.
Durch seine großen breiten
Ohren kann er Körperwärme
gut nach außen abgeben.

Der Eisbär lebt am Nordpol, wo weite Teile des Meeres das ganze Jahr über zu Eis gefroren sind. Wenn wir nur Bilder davon sehen, schütteln wir uns schon vor Kälte – doch dem Eisbären ist überhaupt nicht kalt.

Seine Klauen ähneln Haken. Er benutzt sie, um sie ins Eis einzugraben, damit er nicht wegrutscht.

Obwohl der Eisbär einen mächtigen Körper hat, sind seine Ohren und sein Schwanz sehr klein. Wenn die hervorstehenden Körperteile klein sind, geht weniger Körperwärme verloren.

Unter seinem wolligen Fell und seiner Haut hat er eine dicke Fettschicht, die ihn vor der Kälte schützt.

Auch seine Sohlen sind von dickem Pelz umgeben, so bekommt er keine kalten Füße, wenn er über das Eis läuft, und er rutscht auch nicht weg.

Wie sehen andere Tiere aus, die in der Kälte leben?

Der **Pinguin**
ist am ganzen Körper von einer dicken Fettschicht umgeben. So kann er die klirrende Kälte ertragen. Mit seinen kleinen, dicken Füßen steht er auf dem Eis, ohne zu frieren.

Die **Schneeeule**
trägt ein Kleid aus weißen Federn. Auf einem Schneefeld oder auf dem Eis kann man sie mit den Augen kaum sehen.

Der Körper des **Rentiers** ist mit einem dicken Fell überzogen, und seine Ohren sind sehr klein. So kann es die Kälte gut aushalten. Und zwischen seinen Fußzehen wächst ein dichter Pelz, der ihm hilft, nicht auszurutschen.

Beim **Polarfuchs** sind die Ohren klein, und er hat kurze Beine. Das verhindert, dass Körperwärme abgegeben wird.

Der Klammeraffe lebt in den Wipfeln der Bäume.
Bei der Suche nach leckeren Früchten
schwingt er sich akrobatisch von Ast zu Ast
und zeigt dabei seine große Geschicklichkeit.
Wenn man sich seine Gliedmaßen betrachtet,
erkennt man, dass er ein guter Kletterer ist.

Seinen langen Schwanz ringelt er um die Äste und lässt sich daran mit dem Kopf nach unten hängen.

An seinen Füßen steht die Großzehe den anderen Zehen gegenüber, genauso wie der Daumen an den Händen.
Der Klammeraffe kann gleichzeitig mit Füßen und Händen Früchte pflücken.

Wie sehen andere Tiere aus, die in Bäumen leben?

Beim **Chamäleon** stehen die erste und zweite Fußzehe den anderen genau gegenüber. Durch die Lücke zwischen seinen Zehen kann es sich gut an Zweigen festhalten.

Auch der **Wickelbär** ist ein toller Kletterer. Mit seinem langen Schwanz wickelt er sich um die Äste und hält sich daran fest.

Das **Faultier** setzt seine langen gekrümmten Zehenklauen wie Haken ein, um sich an Ästen festzuhalten. Es hängt damit so fest, dass es bis zu 18 Stunden in dieser Haltung schlafen kann, ohne sich auch nur einmal zu bewegen.

Das **Totenkopfäffchen** hat einen kleinen, zierlichen Körper. So kann es selbst dünne Zweige hinaufklettern.

Die Meeresschildkröte legt ihre Eier in den Sand. Ansonsten lebt sie in den Weiten des Ozeans. Nur zum Atmen muss sie immer wieder ihren Kopf aus dem Wasser strecken.

Die Beine der **Landschildkröte** sehen ganz anders aus als die der Meeresschildkröte. Riesenlandschildkröten haben dicke Beine – wie Säulen.

Auf dem Land bewegt sie sich wegen ihres schweren Panzers ganz, ganz langsam.

Durch das Wasser aber gleitet sie
mit ihren Flossen, als ob das Ruder wären.

Wie sehen andere Tiere aus,
die im Wasser leben?

Wale leben zwar im Wasser, aber atmen können sie nur außerhalb. Zum Glück liegen ihre Nasenlöcher, die Blaslöcher genannt werden, auf ihrem Rücken. So können sie ganz bequem Luft holen.

Enten schwimmen mit den Schwimmhäuten an ihren Füßen. Die Sohlen ihrer Füße sind ziemlich breit, damit können sie auf dem Schlamm laufen, ohne einzusinken.

Die Augen der **Krokodile** und ihre Nasen ragen
ein Stück aus dem Kopf heraus.
Sie atmen durch Nasenlöcher,
die über dem Wasser liegen,
wenn sie auf ihre
Beute lauern.

Flusspferde können ihre Nasenlöcher
öffnen und schließen. Wenn sie ins Wasser
eintauchen, machen sie schnell ihre Nasenlöcher zu.

Schmetterlinge fliegen
von Blüte zu Blüte und
saugen aus ihnen den Nektar,
von dem sie leben.
Der Mund der Schmetterlinge ist
zusammengerollt, aber wenn
sie ihn ausrollen, wirkt er
wie ein langer Strohhalm.
Damit saugen sie den
Nektar auf, der tief in den
Blüten verborgen ist.

Doch wie sieht der
Mund anderer Tiere aus?

Der **Panda** frisst am
liebsten Bambussprossen.
Seine Zähne sind scharf und kräftig.
So ist es kein Problem, den festen
Bambus zu kauen.

Der **Kreuzschnabel** hat einen Ober- und Unterschnabel, die scharf sind und sich überkreuzen. Er bricht damit Kiefernzapfen auf und holt sich die Samen heraus.

Der **Blauwal** hat in seinem Oberkiefer fasrige Hornplatten, die Barten genannt werden. Er nimmt Wasser auf und drückt es durch die Barten nach außen. Die im Wasser enthaltenen Kleintiere werden von den Barten herausgefiltert und können dann gefressen werden.

Der **Löffler** hat einen Schnabel, der wie ein Kochlöffel geformt ist. Mit diesem langen, breiten Schnabel sucht er im seichten Wasser sein Futter. Er rührt das Wasser mit seinem Schnabel wie mit einem Löffel um – daher sein Name.

Vögel haben unterschiedliche Schnabelformen:

Vögel, die andere Tiere jagen, haben einen spitzen und kräftigen Schnabel (wie z. B. der **Adler**).

Vögel, die sich von Samen ernähren, haben einen kleinen, aber scharfen Schnabel (wie z. B. der **Sperling**).

Vögel, die im Schlick Muscheln und Krebse fangen, haben einen schlanken und langen Schnabel (wie z. B. der **Stelzenläufer**).

Der Ameisenbär hat seinen Namen bekommen, weil er Ameisen frisst. Mit seinen langen, scharfen Krallen kratzt er Löcher in Ameisenhügel und mit der langen, schmalen Zunge angelt er die Ameisen heraus.

Doch wie sieht die
Zunge anderer Tiere aus?

Giraffen fressen mit ihrer langen Zunge Blätter und Zweige. Besonders gerne mögen sie die Blätter und jungen Triebe der Akazienbäume, die Dornen haben. Aber die Giraffenzunge hat eine feste Haut und ist sehr widerstandsfähig. So wird sie nicht verletzt.

Frösche warten auf ihre Beute. Taucht ein Insekt auf, schleudern sie ihre Zunge nach ihm. Es bleibt an der Zungenspitze kleben und wird blitzschnell in den Mund gezogen.

Hirschkäfer leben in Eichenwäldern und ernähren sich vom Saft der Blätter. Um ihren Mund wachsen dichte Härchen wie ein Pinsel, die ihnen helfen, den Saft aufzunehmen und zu schlucken.

Katzen jagen nach kleineren Tieren. Die Geschmacksknospen auf ihrer Zunge sind sehr rau. Sie helfen, die Nahrung festzuhalten und in den Rachen zu befördern.

Mit scharfem Mund und einem kräftigen Kinn vermag die **Gottesanbeterin** Insekten zu zerreißen.

Die Gottesanbeterin hat Vorderbeine, die wie eine Sichel aussehen. Und ihre kräftigen Beine haben Widerhaken. Sie wartet geduldig im Gras, bis ein anderes Insekt vorbeikommt. Blitzschnell klammert sie dann ihre Beine um ihre Beute und frisst sie auf.

Doch wie jagen andere
Tiere ihre Nahrung?

Der **Adler** frisst Tiere wie Hasen oder Mäuse. Seine scharfen Krallen sind für die Jagd bestens geeignet.

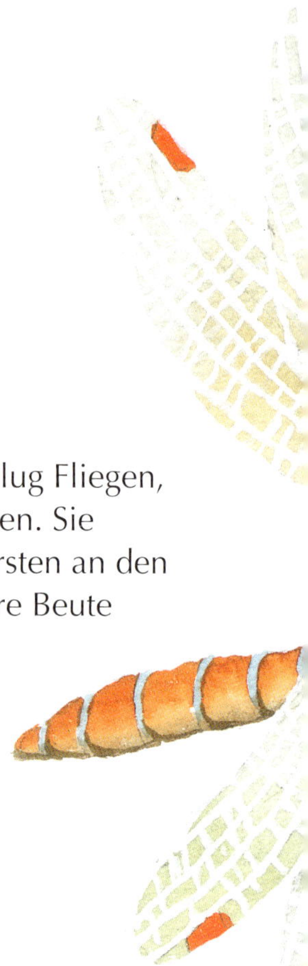

Libellen fressen im Flug Fliegen, Mücken und Schnaken. Sie haben stachelige Borsten an den Beinen, an denen ihre Beute hängenbleibt.

Der **Wasserskorpion** fängt kleine Fische, Kaulquappen und Frösche und frisst sie auf. Er kann sie mit seinen starken, langen Vorderbeinen ganz leicht festhalten.

Tiger haben auf den Sohlen ihrer Füße dickes Fell. So können sie sich geräuschlos an die Beutetiere anschleichen. Ihre scharfen Krallen sind eingezogen und kommen erst hervor, wenn sie sich auf ihre Beute stürzen.

Auf dieser unserer Welt gibt es so
viele verschiedene Tiere!
In ihrem Aussehen haben sie sich
an ihren Lebensraum und an ihre
Nahrungsquelle
angepasst.

Was der Biologie-Professor dazu sagt

Warum hat die Giraffe einen langen Hals?

Die Giraffe hat einen langen Hals, weil sie ihre Nahrung auf Bäumen findet. So hatten die Vorfahren der Giraffe einen Überlebensvorteil.

Beim Adler ist das Ende des Schnabels scharf gekrümmt.

Der Stelzenläufer hat einen langen, dünnen Schnabel.

Der Löffler hat einen Schnabel, geformt wie ein Holzkochlöffel.

Warum haben die Vögel ganz unterschiedlich geformte Schnäbel?

Der Schnabel des Adlers ist ein gutes Werkzeug, um die zähe Haut und das Fleisch seiner Beute zu zerteilen.

Der lange Schnabel des Stelzenläufers ist besonders gut geeignet, um Krebse und Muscheln aus dem Schlick herauszuholen.

Der Löffler findet sein Futter, indem er mit seinem löffelförmigen Schnabel seichtes Wasser umrührt.

Wenn der Schnabel des Adlers geformt wäre wie der des Stelzenläufers – könnte der Adler dann Feldmäuse oder Schlangen damit fangen?
Wenn der Schnabel eines Sperlings wie ein Holzlöffel beschaffen wäre – könnte er dann damit feste Früchte in kleine Stückchen aufteilen? Er wäre tatsächlich kaum in der Lage, in seiner natürlichen Umgebung zu überleben.

Die Gestalt der Tiere unterliegt zufälligen Veränderungen, die durch Neukombinationen von Genen und Mutationen entstehen. Sind diese Veränderungen von Vorteil, so haben diese Tiere bessere Überlebenschancen und können diese Merkmale an die nächste Generation weitergeben.

Wenn sich die Umwelt verändert hat, haben sich auch die Tiere mit ihr verändert. Der Schnabel der Vögel – er unterliegt auch heute noch ständiger Anpassung. Bei anderen Tieren veränderten sich in kleinen Schritten der Schwanz, die Körperfarbe, die Form von Händen oder Füßen. In einer anderen Umwelt lernen sie, ihr Verhalten anzupassen, und sie können sogar ihr äußeres Erscheinungsbild wechseln. Chamäleons können ihre Farbe ändern – je nach der Umgebung oder auch nach ihrer Stimmung. Die Kaulquappe des Europäischen Laubfroschs kann ihren Schwanz anschwellen lassen, ihn rot umfärben, wenn sie von Libellenlarven angegriffen wird.

Nicht nur Tiere wechseln ihre Gestalt, sondern auch Pflanzen. Pflanzen, die im Schatten wachsen, haben größere Blätter als Pflanzen im vollen Licht. Das tun sie, um die bestmögliche Lichteinstrahlung aufzunehmen, damit sie ausreichend Nährstoffe bilden können.

Einige Tiere wechseln sogar ihr Geschlecht! Die Clownfische werden ausnahmslos als Männchen geboren. Sie leben alle zusammen in großen Schwärmen, und der Fisch, der den Schwarm anführt, verändert sich aus einem männlichen Clownfisch in ein Weibchen. Ganz von selbst wechselt er das Geschlecht. Wenn dieser weibliche Clownfisch stirbt, verwandelt sich der größte männliche Fisch in ein Weibchen. Tatsächlich gibt es eine ganze Anzahl von Tieren, die so etwas können. Es gibt viele Frösche, Eidechsen oder Fische, die je nach Situation oder Umgebung ihr Geschlecht verändern können.

Alle Tiere verändern sich ständig ein wenig. Denn Tiere, die ein Aussehen haben, das sie leichter Futter finden lässt, das Feinde abschreckt oder Partner anzieht, können eher überleben und mehr Nachkommen hervorbringen.

Eun-Ha Kim hat deutsche Sprache und Literatur an der Yonsei-Universität in Seoul studiert. Heute schreibt sie Kinderbücher. Außerdem interessiert sie sich für fremde Kulturen, über die sie schon zahlreiche Bücher verfasst hat.

Min-Cheol Choi studierte an der Hong-ik-Universität westliche Malerei. Er arbeitet als Buchillustrator und Art Director.

Gil-Won Kim studierte an der Hankuk-Kyowon-Universität Zoologie, promovierte in Nancy, Frankreich, und hat als Forscher an der Universität von Wisconsin, USA, gearbeitet. Er lehrt heute Naturwissenschaften an der National-Universität in Seoul.

Hans-Jürgen Zaborowski hat Ostasiatische Sprachen studiert und an den Universitäten Berlin, Bonn, Frankfurt am Main und acht Jahre in Seoul gelehrt. Er lebt im Nassauer Land.

Fischer Schatzinsel
www.fischerschatzinsel.de

Die koreanische Originalausgabe ist 2006
im Verlag Yeowon Media, Seoul, erschienen.
Originaltitel: How Do I Look?
First published in Korea 2006 by Yeowon Media.

Umschlagzeichnung: Min-Cheol Choi
Umschlaggestaltung: Bilek Krämer Jäger
Satz: Pinkuin Satz und Datentechnik, Berlin
Druck und Bindung: LONGO AG, Bozen
ISBN 978-3-596-85286-4
Printed in Italy

Nach den Regeln der neuen Rechtschreibung

In der Reihe
KLEINE ENTDECKER – SACHBILDERBÜCHER FÜRS ERSTE WISSEN
sind außerdem erschienen:

Alle sind am Anfang klein
Wie Lebewesen sich verändern, wenn sie wachsen

Bleibt die Zeit auch manchmal stehen?
Über unseren Zeitbegriff

Fressen Tiger Gras?
Über die Nahrungskette und das Ökosystem

Warum schläft der Bär im Winter?
Überlebensstrategien der Tiere

Wie die Tiere miteinander reden
Über die verschiedenen Arten der Tierkommunikation

Woher kommt das Samenkorn?
Übers Pflanzenwachstum

Wohin reist der Blütenstaub?
Wie Pflanzen sich vermehren